GW01564232

Identification de biomar

Deepak Bhattacharya

Identification de biomarqueurs du stress oxydatif pour la dépression unipolaire

ScienciaScripts

This book is a translation from the original published under ISBN 978-3-330-08718-7.

Publisher:
Sciencia Scripts
is a trademark of
Dodo Books Indian Ocean Ltd. and OmniScriptum S.R.L publishing group

120 High Road, East Finchley, London, N2 9ED, United Kingdom
Str. Armeneasca 28/1, office 1, Chisinau MD-2012, Republic of Moldova, Europe

ISBN: 978-620-7-27371-3

Remerciements

Je dédie ce livre aux patients et aux membres de leur famille qui ont participé à cette expérience, sachant que leur participation ouvrira la voie au développement de nouvelles mesures plus précises pour la détection et le traitement de ce trouble.
Mon université Guru Ghasidas m'a soutenu à chaque étape de cette expérience et ma mère qui m'a toujours motivé à mettre tous mes efforts, à aller de l'avant et à prendre des mesures pour triompher de ce trouble.

TABLE DES MATIÈRES

C'est un peu comme marcher dans un long couloir sombre sans savoir quand la lumière va s'allumer.

INTRODUCTION

La dépression est le trouble clinique hétérogène et le trouble psychiatrique le plus répandu. Elle peut être classée en deux grandes catégories : - la dépression est un trouble de l'humeur, - la dépression est un trouble de l'humeur.

1) Dépression unipolaire. 2) Dépression bipolaire.

La dépression bipolaire diffère de la dépression unipolaire ; les deux présentent le même type de symptômes, mais la dépression unipolaire présente davantage de symptômes, plus sévères, plus fréquents et pendant plus longtemps.

Dépression unipolaire définie par le DSM-IV (American psychiatric association) comme suit : -

La dépression unipolaire est également connue sous le nom de trouble dépressif majeur. Il s'agit d'un trouble mental qui occupe la quatrième place sur la liste mondiale des incapacités et qui devrait devenir la deuxième maladie la plus fréquente d'ici 2030 (Mathers C.D. et al. 2006). (Mathers C.D. *et al* 2006) La dépression majeure diminue non seulement la productivité et la qualité de vie des patients, mais représente également une charge financière importante pour les soins de santé. (Martinez F.C. et al 2013). Elle présente les symptômes suivants -

- Sentiment constant de tristesse, d'irritabilité ou de tension.
- Diminution de l'intérêt ou du plaisir pour les activités ou les loisirs habituels. Perte d'énergie, sensation de fatigue malgré le manque d'activité.
- Un changement d'appétit, avec une perte ou un gain de poids significatif.

- Un changement dans les habitudes de sommeil, comme des difficultés à dormir, un réveil matinal précoce ou un excès de sommeil.

- Agitation ou sentiment de ralentissement.
- Diminution de la capacité à prendre des décisions ou à se concentrer. Sentiment de dévalorisation, de désespoir ou de culpabilité.
- Pensées récurrentes de mort ou de suicide, idées suicidaires, plans ou tentatives de suicide. (Michel,T.M.,*et al.*;2012)

La dépression unipolaire est également connue sous le nom de trouble dépressif majeur. Il s'agit d'un trouble mental qui occupe la quatrième place sur la liste mondiale des incapacités et qui devrait devenir la deuxième maladie la plus fréquente d'ici 2030 (Mathers C.D. et al. 2006). (Mathers C.D. et al 2006) La dépression majeure diminue non seulement la productivité et la qualité de vie des patients, mais représente également une charge financière importante pour les soins de santé. (Martinez F.C. et al 2013). Elle présente les symptômes suivants -

- Sentiment constant de tristesse, d'irritabilité ou de tension.
- Diminution de l'intérêt ou du plaisir pour les activités ou les loisirs habituels. Perte d'énergie, sensation de fatigue malgré le manque d'activité.
- Un changement d'appétit, avec une perte ou un gain de poids significatif.
- Un changement dans les habitudes de sommeil, comme des difficultés à dormir, un réveil matinal précoce ou un excès de sommeil.
- Agitation ou sentiment de ralentissement.
- Diminution de la capacité à prendre des décisions ou à se concentrer. Sentiment de dévalorisation, de désespoir ou de culpabilité.
- Pensées récurrentes de mort ou de suicide, idées suicidaires, plans ou tentatives de suicide. (Michel,T.M.,*et al.*;2012)

Le DSM-IV-T6 reconnaît deux catégories de dépression unipolaire : la **dépression majeure** et le **trouble dysthymique.** Le trouble dysthymique est une forme moins grave de trouble dépressif que la dépression majeure, mais il est plus chronique. Pour qu'un diagnostic de trouble dysthymique soit posé, une personne doit présenter une humeur dépressive et deux autres symptômes de dépression pendant au moins deux ans. Au cours de ces deux années, la personne ne doit jamais avoir été privée des symptômes de la dépression pendant plus de deux mois. Certaines personnes malchanceuses souffrent à la fois d'une dépression majeure et d'un trouble dysthymique. C'est ce que l'on appelle la double dépression. Les personnes souffrant de dépression double sont chroniquement dysthymiques, puis sombrent occasionnellement dans des épisodes de dépression majeure. Cependant, une fois la dépression majeure passée, elles retombent dans la dysthymie au lieu de retrouver une humeur normale. (Jollies.J., *et al.* 1997)

Selon le NMHP (National Mental Health Program) en 2008 par l'OMS, 510% de la population totale souffre de dépression unipolaire. Parmi eux, 17 % des adultes souffrent de cette maladie, qui est la principale cause de l'augmentation du nombre de suicides chez les adultes. On estime que d'ici 2020, si la tendance actuelle se poursuit, la dépression sera la deuxième cause d'années de vie corrigées de l'incapacité (AVCI). (Schaefer, K.L.;*etal*.2010)

La dépression unipolaire est une maladie neurodégénérative qui se produit en raison de l'apoptose des neurones (neurones dopaminergiques) dans le cerveau due au **stress oxydatif** qui entraîne un déséquilibre chimique, c'est-à-dire une fluctuation du niveau des neurotransmetteurs monoaminergiques dans le cerveau, en particulier l'une des catécholamines (dopamine, norépinéphrine et sérotonine), et ce déséquilibre chimique donne lieu à la dépression unipolaire. Bien que les neurotransmetteurs soient présents en très petite quantité et seulement dans une partie spécifique du cerveau, ils ne peuvent pas être analysés directement, c'est pourquoi on a émis l'hypothèse qu'un stress oxydatif élevé est lié à la dépression unipolaire. Le stress oxydatif est dû à une perturbation de l'équilibre entre l'homéostasie des pro-oxydants et des antioxydants, ce qui entraîne une surproduction de radicaux libres tels que les espèces réactives de l'oxygène (ERO). Ces ROS endommagent les biomolécules (lipides, protéines, ADN) et conduisent à l'apoptose cellulaire. Le système nerveux est particulièrement vulnérable aux espèces réactives de l'oxygène pour les raisons suivantes.

- Une forte consommation d'oxygène par le cerveau pour répondre à des besoins énergétiques élevés, c'est-à-dire une forte consommation d'O^2, entraîne une production excessive de ROS.

- Les membranes neuronales sont riches en acides gras polyinsaturés (AGPI), qui sont particulièrement vulnérables aux attaques des radicaux libres.

- Le trafic élevé de Ca^{2+} à travers les membranes neuronales et l'interférence du transport ionique augmentent le Ca intracellulaire^{2+}, ce qui conduit souvent à l'OS.

- Le fer est formé dans tout le cerveau et les lésions cérébrales libèrent facilement des ions de fer capables de catalyser des réactions radicales libres

- Les mécanismes de défense antioxydants sont modestes : faibles niveaux de catalase, de glutathion peroxydase et de vitamine E.

- Les ROS régulent à la baisse les protéines des jonctions serrées.

- Les mitochondries neuronales génèrent de l'o_2

- L'interaction du NO avec le superoxyde peut également être impliquée dans la dégénérescence neuronale.

- Les cellules neuronales ne se reproduisent pas et sont donc sensibles aux ROS. (Fanbarg, B.L.;2000)

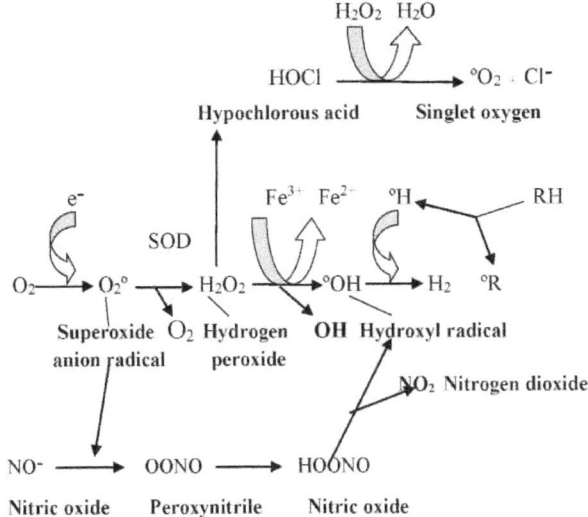

Fig 1 : Génération de radicaux libres

Par conséquent, les biomarqueurs du stress oxydatif peuvent jouer un rôle décent dans le diagnostic précoce de la dépression unipolaire, car ils représentent l'importance des dommages oxydatifs pour la dépression unipolaire et l'individu malade peut être soumis à un traitement initial, qui fournira en outre des informations sur la réponse du patient à ce traitement. (Grabowski, H.G.,*etal.* 2003)

En outre, ces biomarqueurs candidats doivent présenter les caractéristiques suivantes

• Il doit être limité et bien caractérisé.

• Son objectif doit être clairement divulgué. Il doit permettre une comparaison avec d'autres troubles neurobiologiques.

• Devrait permettre une comparaison avec d'autres observations neurobiologiques.

• Elle doit être opportune, cliniquement utile et rentable.

• Il peut être intégré dans la pratique des soins cliniques.

La dépression, c'est vivre dans un corps qui lutte pour survivre avec un esprit qui cherche à mourir.

Augmentation de la dépression unipolaire

Espèces réactives de l'oxygène

Dans un équilibre d'oxydo-réduction, les molécules d'antioxydants et d'oxydants sont en équilibre dans l'organisme. Lorsqu'une augmentation des radicaux libres entraîne une augmentation de l'activité des systèmes antioxydants, cela conduit à un état d'homéostasie redox. La perte de l'équilibre oxydo-réduction dans l'organisme, causée par un excès d'oxydants ou un déficit du système antioxydant, est définie comme un état de stress oxydatif, qui se caractérise par des niveaux élevés d'espèces réactives. (Crisostomo, N.C.;2000). Elles sont exprimées dans l'organisme au cours du métabolisme normal. Le stress oxydatif léger et les radicaux libres jouent un rôle important dans la régulation de nombreux processus de l'organisme, par exemple lors de la phagocytose, de l'apoptose, de la fécondation des ovules ou de l'activation de certains facteurs de transcription ou dans les voies de signalisation cellulaire.

Effet des espèces réactives de l'oxygène sur les cellules

Toutefois, si les ROS et les RNS sont produits en grande quantité et au mauvais endroit, ils peuvent entraîner des modifications oxydatives des lipides, des protéines et de l'ADN. Ils peuvent modifier les membranes cellulaires et la fonction des récepteurs et altérer l'activité des enzymes et des gènes. Le stress oxydatif contribue également au vieillissement. Pour lutter contre la production excessive de ROS et de RNS, l'organisme a mis en place des systèmes et des mécanismes de protection contre leurs effets toxiques. La protection est organisée à trois niveaux :

(a) Systèmes empêchant la formation de FR, tels que les inhibiteurs des enzymes catalysant la formation de FR.

(b) Lorsque ces systèmes de protection primaires sont insuffisants et que des FR et des ROS sont déjà formés, les piégeurs de FR entrent en action et éliminent la forte réactivité des ROS en les transformant

en métabolites non radicalaires et non toxiques. Ces composés sont appelés antioxydants et empêchent l'oxydation de molécules biologiquement importantes par les FR ou les ROS.

(c) Si la protection de l'organisme échoue à ce niveau, les systèmes de réparation reconnaissent les molécules altérées et les décomposent, comme c'est le cas des protéinases pour les protéines modifiées par l'oxydation, des lipases pour les lipides endommagés par l'oxydation, ou des systèmes de réparation de l'ADN pour les bases d'ADN modifiées.

Neurodégénérescence par les espèces réactives de l'oxygène

L'état de stress oxydatif joue un rôle important dans le développement de nombreuses maladies neurodégénératives et d'autres processus liés au vieillissement pathologique (Floyd et al., 2011). La plasticité cérébrale permet à certaines fonctions mentales de fonctionner normalement, par exemple les processus d'apprentissage et de mémoire. Les synapses qui se forment entre les neurones sont hautement organisées et sont des structures spécifiques qui permettent des interactions rapides et hautement sélectives entre les cellules en réponse aux changements environnementaux constants qui produisent la neuroplasticité (Jungerman, B. et al., 2011). Cela permet aux cellules du système nerveux d'être à la fois fonctionnelles et continuellement modifiées structurellement pour établir de nouvelles dendrites et connexions synaptiques. Le processus de plasticité cérébrale peut être altéré par le stress oxydatif, qui produit des dommages oxydatifs, une perte de processus, la mort de synapses et une altération de la formation de nouvelles cellules.

(Arancibia,R. et al., 2010). La transmission synaptique implique la libération de neurotransmetteurs par les neurones présynaptiques et leur détection par un récepteur spécifique à la surface de la membrane du neurone postsynaptique. Dans des conditions d'homéostasie, la plasticité synaptique est régulée par des changements dans le nombre de récepteurs dans la membrane postsynaptique, des changements dans la forme et la taille des épines des dendrites, et la modulation cinétique de la synthèse et de la dégradation des protéines.

Maladies neurodégénératives - Processus, prévention, protection et surveillance.

Les espèces réactives provoquent l'oxydation des lipides, des protéines et de l'ADN dans la cellule, ce qui entraîne le dépliage des protéines. L'oxydation des molécules qui forment la membrane cellulaire modifie sa perméabilité sélective, ce qui entraîne une perte de l'équilibre osmotique.

Smythies (1999) a proposé l'hypothèse redox de l'apprentissage et de la neuro-informatique. Cette hypothèse suggère que les signaux redox peuvent contrôler un mécanisme impliqué dans la plasticité cérébrale, dans lequel la croissance et l'élimination des synapses et des épines dendritiques dépendent de l'état redox. Le destin d'une synapse dépendant en partie de l'équilibre redox, si la cellule oxydante produit un état de stress oxydatif, les espèces réactives de l'oxygène (ROS) provoquent l'élimination des épines. Cela a été démontré dans l'alcoolisme et les maladies neurodégénératives (Gotz et al, 2001).

Si l'environnement de la cellule est antioxydant, les synapses sont préservées (Smythies, 1999) et leur nombre augmente, ce qui facilite les phénomènes de plasticité cérébrale. Le système nerveux central (SNC) est particulièrement sensible aux oxydants en raison de sa forte teneur en lipides, de sa consommation élevée d'oxygène et de ses faibles niveaux d'enzymes antioxydantes, car il contient des neurotransmetteurs tels que l'acétylcholine et le glutamate, et a également la capacité de produire de nouveaux neurones dans le dentategyrus, ce qui le rend sensible aux changements redox.

Cette réponse est en partie modulée par des changements oxydatifs et un excès d'espèces réactives bloque la neurogenèse (Arancibia,R. etal., 2010). Dans le cerveau, le métabolisme normal de la dopamine implique de nombreuses réactions oxydatives. Dans un état d'équilibre redox, l'oxydation de la dopamine ne perturbe pas le métabolisme normal de la dopamine, car la dopamine oxydée est convertie par une série complexe de réactions en neuromélanine. La perte de l'équilibre redox entraîne l'oxydation de la dopamine cytoplasmique en présence de métaux de transition, avec formation de superoxyde, de peroxyde d'hydrogène et de radical hydroxyle. Les neurones dopaminergiques de la substantia nigra sont impliqués dans des fonctions distinctes telles que les processus d'apprentissage et de mémoire et le contrôle de la motricité. En cas de perte de l'équilibre redox, ces neurones subissent facilement des dommages oxydatifs et commencent à produire une chaîne d'événements, dans laquelle la synthèse et la voie métabolique de la dopamine contribuent à l'augmentation de l'état de stress oxydatif en raison de la formation de quinone, ce qui rend la voie nigroestriatale beaucoup plus vulnérable aux dommages par rapport à d'autres structures cérébrales (Lopez et,S.et al., 2010). Diverses méthodes ont été utilisées pour étudier le stress oxydatif et sa signification biologique dans l'organisme. Les ROS oxydent l'ADN, les protéines et les membranes lipidiques (Postlethwait et al., 1998), ce qui, s'ils ne sont pas compensés, provoque des dommages et la mort des cellules. Les défenses antioxydantes sont capables de

neutraliser les dommages, en fonction de la dose et de la durée d'exposition, mais lorsqu'ils sont débordés, une chaîne de réactions chimiques s'enclenche et conduit à la formation de ROS.

Vulnérabilité des tissus cérébraux aux espèces réactives de l'oxygène

Les ROS passent dans le sang et, par le biais de la circulation sanguine, atteignent tout l'organisme, produisant un état de stress oxydatif généralisé (Arancibia, R. ; et al., 2000). Le stress oxydatif provoque des altérations de la plasticité cérébrale qui se manifestent par un déficit des processus d'apprentissage, de la mémoire et du comportement de l'activité motrice.

Le tissu cérébral est le plus vulnérable aux dommages oxydatifs causés par sa forte consommation d'oxygène, un taux métabolique élevé et de faibles niveaux d'enzymes antioxydantes, telles que la SOD, la glutathion peroxydase et la catalase. En tant que cerveau impliqué dans la consommation élevée d'O_2 , les grandes quantités d'ATP nécessaires pour maintenir l'homéostasie ionique intracellulaire des neurones face à toutes les ouvertures et fermetures des canaux ioniques associés à la propagation des potentiels d'action et à la neurosécrétion. Une augmentation substantielle des niveaux de peroxydate lipidique est causée par une augmentation des ROS, en raison de la forte teneur du cerveau en acides gras polyinsaturés qui sont très sensibles à l'oxydation. Les structures cérébrales ne réagissent pas toutes de la même manière aux dommages oxydatifs. Ainsi, l'interruption de la fonction mitochondriale dans les neurones par des toxines, ou l'absence d'apport d'O2 ou de substrats pour la production d'énergie, produit des dommages rapides. Par conséquent, les biomarqueurs du stress oxydatif peuvent être considérés comme un moyen efficace de détecter la dépression unipolaire à un stade précoce.

Biomarqueurs à l'étude

Actuellement, certains des biomarqueurs de stress oxydatif suivants sont étudiés par les chercheurs

BDNF:- Le BDNF est un facteur neurotrophique dérivé du cerveau. Il est impliqué dans la promotion de la plasticité synaptique et de la connectivité neuronale. Malgré des critères phénoménologiques clairs, le diagnostic différentiel entre la dépression unipolaire et la dépression bipolaire reste un défi clinique. Le diagnostic différentiel entre les épisodes dépressifs de type BD et la dépression unipolaire est essentiel pour éviter les erreurs de diagnostic, les retards dans le traitement approprié et les mauvais pronostics. Les troubles unipolaires ont été largement reconnus comme des troubles qui affectent les neurotrophines, en particulier le facteur neurotrophique dérivé du cerveau (BDNF). (Berk et al., 2008 ; Kapczinski et al., 2008) L'idée que des changements dans le niveau de BDNF puissent être impliqués dans la pathophysiologie des épisodes dépressifs BD et de la dépression unipolaire a été largement rapportée (Duman et al..., 1997, 2000 ; Cunha et al. 2006 ; Gama et al. 2007 ; Machado-Vieira et al. 2007 ; Guimaraes et al. 2008 ; Kapczinski et al. 2008b,c ; Kauer-Sant'Anna et al. 2008 ; Fernandes et al. 2009 ; Oliveira et al. 2009). La sensibilité et la spécificité optimales du ratio BDNF sérique pour le diagnostic d'un épisode de BD dépressif ont été déterminées par l'analyse de la courbe des caractéristiques opérationnelles du récepteur (ROC) à l'aide d'une approche non paramétrique. Le résultat est que les niveaux de BDNF sérique dans la BD étaient plus de 50 % inférieurs à ceux des témoins et des patients souffrant de dépression unipolaire. Les taux sériques de BDNF n'ont pas été influencés par l'âge et le sexe, et ont montré une précision globale de 95 % dans le diagnostic de la dépression bipolaire.

F2-IsoPS :- Les F2-isoprostanes (F2-IsoPs) (produits de la peroxydation de l'acide arachidonique induite par les radicaux libres) sont actuellement considérés comme le marqueur le plus fiable des dommages oxydatifs chez l'homme [Halliwell, B.;et al. ;.2009]. Les F2-IsoP sont présents sous forme estérifiée dans les phospholipides et sont libérés sous forme libre par les activités de la phospholipase A2 (PLA2) et de l'acétylhydrolase du facteur d'activation plaquettaire (PAF-AH).

HETES :- produits de l'acide hydroxyeicosatétraénoïque (HETE) L'acide arachidonique peut également être oxydé par voie enzymatique et non enzymatique pour générer un produit (HETE). Plusieurs isomères des HETE ont été identifiés (tels que les 5-, 8-, 9-, 11-, 12-, 15-, et 20-HETE) et certains sont connus pour avoir des effets vasoactifs.

COPS : - Les produits d'oxydation du cholestérol (COPs) sont un groupe d'oxystérols issus de l'oxydation du cholestérol par les voies enzymatiques du cytochrome P450 (pour donner du 24 et 27-hydroxycholestérol) et non cytochromeP450 (pour donner du 7β-hydroxycholestérol et du 7-cétocholestérol). (Diczfalusy, U.et.al;2004).

F4-NPS : - Les neuroprostanes (F4-NPs) sont des produits oxydés de l'acide docosahexaénoïque (DHA) qui sont fortement concentrés dans les membranes neuronales (Markesbery, W. R. et al.;1998).
NAA :- L'acide N-acétyl aspartique (NAA) est un biomarqueur spécifique des neurones. Biomarqueurs périphériques : - selon Schimdt D.;2012 le sang périphérique (PB) (sérum/plasma) ou les urines ou même les tissus périphériques eux-mêmes tels que les fibroblastes ou les cellules sanguines peuvent s'avérer être une bonne alternative pour la détection du stress oxydatif par rapport à d'autres sources comme le BDNF, le CSF (biomarqueurs du système nerveux central) car les études relatives à ces facteurs présentent les limitations suivantes par rapport aux biomarqueurs périphériques : - les biomarqueurs périphériques peuvent être utilisés pour la détection du stress oxydatif, - les biomarqueurs périphériques peuvent être utilisés pour la détection du stress oxydatif, - les biomarqueurs périphériques peuvent être utilisés pour la détection du stress oxydatif.

- Volume de l'échantillon obtenu à partir du SNC.

- Le prélèvement d'échantillons dans le SNC est un processus fastidieux.

- Le stress oxydatif mesuré directement dans le SNC donne des résultats indésirables par rapport aux biomarqueurs périphériques.

Produits de la peroxydation des lipides :

La peroxydation des lipides est une chaîne de réactions médiée par les radicaux libres qui, une fois initiée, entraîne une détérioration oxydative des lipides polyinsaturés. Les cibles les plus courantes sont les composants des membranes biologiques. Lorsqu'elles se propagent dans les membranes biologiques, ces réactions peuvent être déclenchées ou avoir des effets.

Le MDA est un aldéhyde à trois carbones de faible poids moléculaire qui peut être produit par différents mécanismes. (Farina,M.et al.2008) a postulé un mécanisme de formation du MDA basé sur le fait que seuls les peroxydes qui possèdent une ou plusieurs saturations sur le groupe peroxyde pourraient être capables de subir une cyclisation pour finalement former le MDA.

(8-oxodG) : -8-hydroxy-2'-déoxyguanosine urinaireLa mesure de la 8-oxodG dans l'urine est plus simple. La 8-oxodG extracellulaire est excrétée dans l'urine sans autre métabolisme. Elle est stable dans l'urine et ses concentrations ne sont pas directement affectées par l'alimentation ou la mort cellulaire. L'origine de la 8-oxodG dans l'urine n'est pas claire, mais on pense qu'elle provient de l'assainissement du pool de nucléotides. Cela fait du 8-oxodG urinaire un biomarqueur potentiellement spécifique et robuste du stress oxydatif de l'organisme entier (Cooke M.S.;et al.2005;Kasai H.;et al.2001).

LCR : - Liquide céphalorachidien (LCR) obtenu par ponction lombaire. Le LCR est une source prometteuse de biomarqueurs, non seulement pour la dépression unipolaire, mais aussi pour d'autres maladies neurodégénératives, car le LCR est en contact direct avec le liquide interstitiel du cerveau, où les changements biochimiques liés à la maladie peuvent se refléter. Lorsque les radicaux libres endommagent des protéines comme le neuroaxon, ces protéines sont libérées dans le LCR, où elles peuvent être quantifiées par les marqueurs suivants du LCR : 1) Tau 2) CSF t-tau. (Tumani H.;2008) La cible des espèces réactives est la double liaison carbone-carbone des acides gras polyinsaturés (I). Cette double liaison affaiblit la liaison carbone-hydrogène, ce qui permet à un radical libre d'extraire facilement l'hydrogène. Un radical libre peut alors abstraire l'atome d'hydrogène et un radical libre lipidique est formé (II), qui subit une oxydation générant un radical peroxyle (III). Le radical peroxyle peut réagir avec d'autres acides gras polyinsaturés, abstraire un électron et produire un hydroperoxyde lipidique (IV) et un autre radical libre lipidique. Ce processus peut se propager continuellement dans une réaction en chaîne. L'hydroperoxyde lipidique est instable et sa fragmentation donne des produits tels que le malondialdéhyde (V) et le 4-hydroxy-2-nonenal... :

Le MDA (malondialdéhyde) est un sous-produit de la peroxydation des lipides qui témoigne de l'ampleur de la peroxydation des lipides dans les neurones. Le 4-hydroxynonénal (4- HNE) joue un rôle important dans le stress oxydatif. Le 4-HNE est un aldéhyde formé par la peroxydation de l'acide gras ®-6.9 Des concentrations millimolaires de 4-HNE entraînent une déplétion du glutathion, une inhibition de la synthèse de l'ADN, de l'ARN et des protéines et une cytotoxicité aiguë. Les cellules neuronales sont riches en AGPI (acides gras polyinsaturés) et généralement sans défense contre les ROS, qui entraînent l'oxydation des lipides dans la membrane et conduisent à l'apoptose de la cellule.

Modifications post-traductionnelles des structures protéiques par le stress oxydatif

Lorsque la concentration en ROS dépasse la capacité cellulaire à les éliminer, cela entraîne une modification des chaînes latérales des acides aminés et des changements remarquables dans la structure secondaire et tertiaire de la molécule de protéine. Ces modifications des protéines par les oxydants entraînent généralement une perte de la fonction biologique de la protéine.

L'oxydation des protéines induit des changements structurels qui se traduisent par un dépliage des protéines et, par conséquent, par une augmentation de l'hydrophobicité de la surface des protéines. L'hydrophobicité de surface est le facteur clé pour la reconnaissance et la dégradation du substrat par plusieurs protéases.

Au vu des études passées sur le stress oxydatif comme l'une des principales causes de la neurodégénérescence et de l'utilisation de certains biomarqueurs périphériques du stress oxydatif pour la détection de la neurodégénérescence, on peut estimer que les biomarqueurs du stress oxydatif peuvent être considérés comme une mesure appropriée pour déterminer la dépression unipolaire à un stade précoce.

Aperçu des facteurs cellulaires à l'origine de la dépression unipolaire

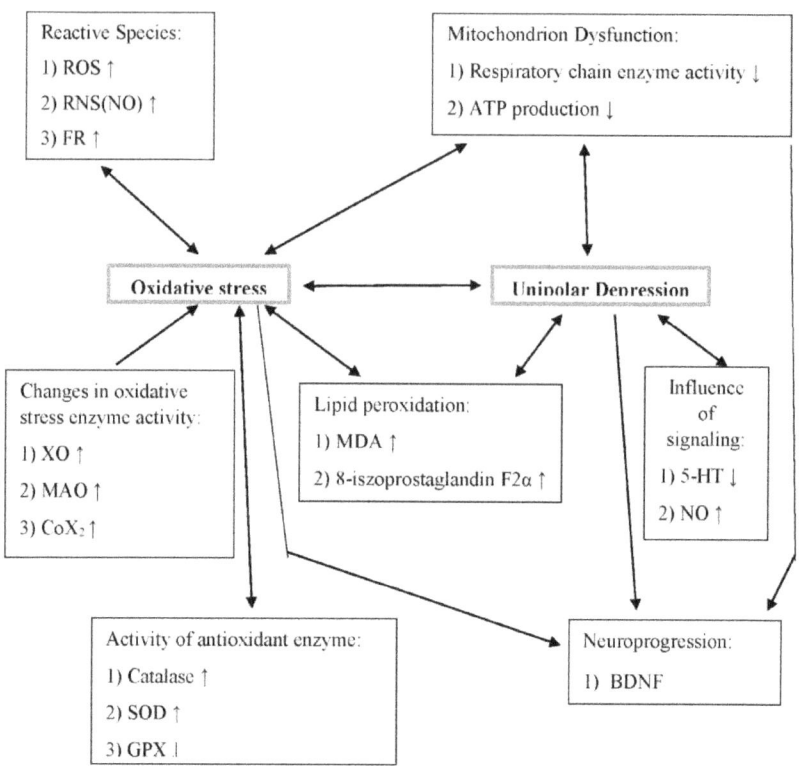

Matériels et méthodes

Population étudiée *: -* des échantillons de sang ont été prélevés sur des patients souffrant de dépression unipolaire dans le cadre de l'OPD (Outpatient Disorder clinic), après avoir obtenu l'autorisation écrite du doyen du CIMS (Chhattisgarh Institute of Medical Sciences). Pour des raisons de pertinence et de comparaison, des échantillons de sang ont également été prélevés sur des individus normaux (qui ne souffrent d'aucun type de maladie neurodégénérative), les considérant comme des témoins : -

Prélèvement de sang et isolement du sérum *: -*

5 ml de sang prélevés sur chaque individu normal et affecté par ponction veineuse ont été collectés dans un flacon exempt d'anticoagulant. Les échantillons de sang prélevés sur les patients et les témoins ont été conservés à la température ambiante normale pendant une demi-heure et centrifugés à 3 000 tours/minute pendant 10 minutes. La fraction séparée du sérum a été isolée et conservée à -20°C au congélateur.

Le sérum obtenu a fait l'objet de deux types d'analyse : - le sérum a été analysé par un laboratoire d'analyse.

1) Analyse biochimique
2) Protéomique ou analyse des protéines

Analyse biochimique

L'analyse biochimique comprend les paramètres biochimiques ou les tests qui déterminent le taux de production de ROS et l'activité enzymatique des enzymes qui fonctionnent comme des antioxydants.

Les tests biochimiques suivants sont appliqués pour l'analyse des biomolécules affectées par le stress oxydatif.

1)   Test DPPH

2) Test d'activité de la catalase

3) Essai de peroxydation des lipides

Test DPPH : -

Principe : 2,2-diphényl-1-picrylhydrazyl(DPPH) DPPH a été largement utilisé pour évaluer l'efficacité de piégeage des radicaux libres de diverses substances antioxydantes. Le piégeage des radicaux DPPH est facile à utiliser, a une sensibilité élevée et permet une analyse rapide de l'activité antioxydante d'un grand nombre d'échantillons. Le DPPH est un radical libre qui absorbe à 517 nm et accepte un électron ou un radical hydrogène pour devenir une molécule diamagnétique stable. Dans le test DPPH, les antioxydants donneurs d'hydrogène sont capables de réduire le radical stable DPPH en diphényl-picrylhydrazine de couleur jaune dans une solution méthanolique. En conséquence, l'absorbance à 517 nm diminue en raison de l'augmentation de la forme non radicale de DPPH.

Protocole

1) Effectuer une dilution en série de l'échantillon de sérum dans les séries suivantes : 1/100, 1/200, 1/300, 1/400, 1/500 dans du méthanol.

2) Pour chaque échantillon dilué, ajouter 500 pL de solution de DPPH 1mM, mélanger l'échantillon par vortex.

3) Incuber l'échantillon à température ambiante pendant 40 minutes.

4) Détermination de l'activité de piégeage des radicaux ; l'absorbance de l'échantillon ci-dessus est déterminée par spectrophotomètre UV-V à une absorbance de 517 nm. L'essai de piégeage du radical DPPH a été déterminé par la formule suivante

piégeage des radicaux = [(absorbance du contrôle - absorbance de l'échantillon) / activitéabsorbance   du contrôle] *100

(Chen, J.C.;et al.2007)

Analyse de l'activité catalase :

La catalase est une enzyme commune que l'on trouve dans presque tous les organismes vivants exposés à l'oxygène (comme les bactéries, les plantes et les animaux). Elle est présente principalement dans les peroxysomes des cellules de mammifères. La catalase a deux activités enzymatiques qui dépendent de la concentration de H_2O_2. Si la concentration en H_2O_2 est élevée, la catalase agit de manière catalytique, c'est-à-dire qu'elle élimine le H_2O_2 en formant du H_2O et de l'O_2 (réaction catalytique).

Cependant, à une faible concentration de H_2O_2 et en présence d'un donneur d'hydrogène approprié, par exemple l'éthanol, le méthanol, le phénol et d'autres, la catalase agit de manière peroxydante, en éliminant le H_2O_2, mais en oxydant son substrat (réaction peroxydatique).

Principe : *Le* peroxyde d'hydrogène est un intermédiaire omniprésent dans le cycle énergétique de la cellule et se trouve en forte concentration dans les mitochondries. Il est également utilisé dans de nombreuses réactions cellulaires comme substrat pour créer des protéines organiques. Il provoque la génération de radicaux oxygénés en présence de cations ferreux. Le peroxyde d'hydrogène peut créer un radical hydroxyle (l'agent oxydant le plus puissant connu) par la réaction catalytique de Fenton et la réaction de Haber-Weiss.

(I) $\bullet O^{2-} + H_2O_2 \rightarrow \bullet OH + HO- + O_2$

(II) $Fe^{3+} + \bullet O^{2-} \rightarrow Fe^{2}+ + O_2$

III) $Fe^{2+} + H_2O_2 \rightarrow Fe^{3+} + OH- + \bullet OH$

Certains membres de la famille MAPK ont également été impliqués en tant que cibles potentielles des ROS. Big MAPK-1 (BMK-1) semble être beaucoup plus sensible que ERK1/ERK2 au H_2O_2 dans plusieurs lignées cellulaires testées et suggère un rôle potentiellement important pour BMK-1 en tant que kinase sensible au redox (Victor,J;et al.2000) ainsi qu'un effet détoriuos sur les protéines, les lipides et l'ADN. L'enzyme catalase est un antioxydant endogène présent dans toutes les cellules aérobies qui facilite l'élimination du peroxyde d'hydrogène afin d'éviter que ces types de conditions ne provoquent l'hydrolyse du H2O2 en eau et en oxygène.

Protocole :

1) Ajouter 50 pL d'échantillon à 2950 pL de 0,059M H2O2(30%).

2) Mélanger l'échantillon par vortex.

3) <u>Détermination de l'activité catalytique :</u> Prendre l'absorbance de l'échantillon au spectrophotomètre uv-vis à la longueur d'onde de 240nm en référence au tampon de phosphate de potassium 0,05M à intervalles réguliers de 60 secondes, l'activité enzymatique est déterminée par la formule suivante : -

Activité catalase = [(absorbance à 240 nm par min.x1000) /

(U/mL)   (43,6 x volume d'enzyme par mL de mélange réactionnel)]

(Lente,V.F. ; et al.1990)

LPO (dosage de la peroxydation lipidique) : -

La peroxydation des lipides est un processus généré naturellement en petites quantités dans l'organisme, principalement sous l'effet de plusieurs espèces réactives de l'oxygène (radical hydroxyle, peroxyde d'hydrogène, etc.). Elle peut également être générée par l'action de plusieurs phagocytes. Ces espèces réactives de l'oxygène attaquent facilement les acides gras polyinsaturés de la membrane des acides gras, déclenchant une réaction en chaîne qui s'auto-propage. La destruction des lipides membranaires et les produits finaux de ces réactions de peroxydation lipidique sont particulièrement dangereux pour la viabilité des cellules, voire des tissus.

Principe : Les radicaux libres induisent la peroxydation des lipides, jouant un rôle important dans les processus pathologiques. Les cellules neuronales possèdent une grande quantité d'AGPI (acides gras polyinsaturés) dans les lipides. Les dommages causés par les radicaux libres peuvent être mesurés par les diènes conjugués, le malondialdéhyde (MDA) qui est un sous-produit de la LPO.

22

Protocole :

1) Ajouter 455pL de réactif TBA à 140pL d'échantillon de sérum.

2) Mélanger l'échantillon par vortex et incuber dans un bain d'eau bouillante pendant 15 minutes.

3) Refroidir la solution à température ambiante et éliminer le précipité floconneux par centrifugation à 2000 tours/minute pendant 10 minutes.

4) Recueillir le surnageant de couleur rose dans un nouveau tube.

5) Détermination de la concentration : mesurer l'absorbance du surnageant de couleur rose dans un spectrophotomètre UV-V à la longueur d'onde de 535 nm en utilisant un coefficient d'extinction de $1,56 \times 10^5$ M^{-1} $cm.^{-1}$

6) La densité optique de la couleur rose formée est directement proportionnelle à la concentration de MDA dans l'échantillon de sérum, calculée par rapport au graphique standard.

Formule pour la détermination de la concentration de MDA

Malondialdéhyde = absorbance à 535 nm x 1,56*105 Concentration (M

PROFILAGE DES PROTÉINES

L'analyse des protéines permet d'étudier les modifications oxydatives des protéines. Les ROS peuvent altérer la structure et la fonction des protéines en modifiant des résidus d'acides aminés critiques, en induisant la dimérisation des protéines et en interagissant avec des groupements Fe-S ou d'autres complexes métalliques. Les modifications oxydatives des acides aminés critiques dans le domaine fonctionnel des protéines peuvent se produire de plusieurs manières. La modification de loin la mieux décrite concerne les résidus cystéine. Le groupe sulfhydryle (-SH) d'un seul résidu de cystéine s'oxyde pour former des dérivés sulféniques (-SOH), sulfiniques (-SO2H), sulfoniques (-

SO3H) ou S-glutathionylés (-SSG).

Ces altérations peuvent modifier l'activité d'une enzyme si la cystéine critique est située dans son domaine catalytique ou la capacité d'un facteur de transcription à lier l'ADN si elle est située dans son motif de liaison à l'ADN.

Les paramètres suivants sont appliqués pour l'analyse des protéines affectées par le stress oxydatif.

1)   Détermination de la concentration en protéines.

2)   PAGE SDS

Détermination de la concentration en protéines du sérum : -

La méthode de Lowry est utilisée pour déterminer la concentration de protéines dans le sérum et comparée au graphique standard de BSA (Bovines Serum Albumin).

Principe du test de Lowry

La méthode Lowry est une méthode très sensible pour les faibles concentrations de protéines. Dans cette méthode, le groupe phénolique des résidus de tyrosine et de tryptophane (acide aminé) dans une protéine produit une couleur bleu violet avec le réactif de Folin-Ciocalteau qui se compose de tungstate de sodium, de molybdate et de phosphate. L'intensité de la couleur dépend donc de la quantité de ces acides aminés aromatiques présents et varie donc selon les protéines.

Protocole :

1) Ajouter 10 pl d'échantillon de sérum à 990pL d'eau distillée, mélanger la solution par un léger vortex.

2) Ajouter 4,5 ml de la solution C à la solution ci-dessus et mélanger l'échantillon au vortex.

3) Incuber la solution dans l'obscurité pendant 30 minutes, ajouter 0,5 ml de réactif Folins et incuber pendant 10 minutes, la solution devient bleue.

Détermination de la concentration : La concentration de la solution est déterminée à l'aide d'un spectrophotomètre UV-V à la longueur d'onde de 660 nm (Lowry, O.H. et al. 1951). (Lowry, O.H.et al.1951), en utilisant 0.1 O.D.= 400pg/mL du graphique standard.

PAGE SDS (électrophorèse sur gel de polyacrylamide au sodium-dodécyl-sulfite) :

L'analyse des protéines est effectuée par SDS-PAGE (électrophorèse sur gel de polyacrylamide au sodium-dodé-sulfite). Dans ce processus, les molécules de protéines sont séparées en fonction de leur charge et de leur taille. Le SDS PAGE est une méthode d'électrophorèse pour les protéines. La PAGE SDS utilise un détergent anionique SDS pour dénaturer les protéines. Un SDS se lie à deux acides aminés. De ce fait, le rapport entre la charge et la masse de toutes les protéines dénaturées dans le mélange devient constant. Les molécules de protéines se déplacent vers le gel (anode) sur la base de leur poids moléculaire uniquement et sont séparées. Le rapport charge/masse varie pour chaque protéine (sous sa forme native ou partiellement dénaturée). L'estimation du poids moléculaire serait alors complexe. C'est pourquoi on utilise la dénaturation SDS. La matrice du gel est formée de polyacrylamide. Les chaînes de polyacrylamide sont réticulées par des comonomères de N,N-méthylène bisacrylamide. La polymérisation est initiée par le persulfate d'ammonium (source de radicaux) et catalysée par le TEMED (donneur et accepteur de radicaux libres). Ces gels sont généralement soumis à un courant constant.

Protocole :

1) *Préparation du gel :* Laver et nettoyer les plaques SDS PAGE et le réservoir de tampon pour la coulée et l'exécution du gel.

2) Mélanger les composants du tampon de résolution dans un tube de 15 ml. Transférer dans les plaques à l'aide d'une pipette, ajouter un peu d'eau au-dessus du tampon de résolution afin d'obtenir une couche uniforme.

3) Une fois le gel de résolution solidifié, éliminer l'eau, mélanger les composants du gel d'empilement et les transférer dans le plateau situé au-dessus du gel de résolution.

4) Placer immédiatement le peigne sur le gel d'empilage.

5) _Préparation de l'échantillon :_ mélanger l'échantillon de charge et le colorant de charge dans un rapport de 1:5.

6) Incuber à 100°C pendant 5 minutes.

7) _Chargement de l'échantillon dans le gel :_ transférer le plateau de gel dans le réservoir de tampon et verser le tampon de fonctionnement 1X SDS.

8) Introduire 5pL d'échantillon dans chaque puits ainsi que le marqueur protéique.

9) _Exécution du gel SDS PAGE :_ Connecter le réservoir avec le bloc d'alimentation à travers les électrodes , régler le bloc d'alimentation à 45mA et commencer l'exécution.

10) Lorsque l'échantillon est sorti du puits, l'intensité a augmenté jusqu'à 70 mA.

11) Après l'analyse du gel, transférer le gel dans une solution de coloration au bleu brillant de Coomassie pendant 90 minutes en mode agitation.

12) Transférer le gel dans une solution de décoloration pendant une nuit.

13) Observer les bandes sous le système Gel Doc.

14) La masse moléculaire de l'échantillon de protéine peut être déterminée par les bandes du marqueur

Résultats

Données générées par l'analyse biochimique d'échantillons de sérum

TABLEAU no.1:- *Comparaison de l'activité de piégeage des radicaux (RSA) chez les témoins et les personnes souffrant de dépression unipolaire*

Concentration of serum(µg/ml)	Control n=10	Unipolar depression n=10	p value
6.0	76.24%(0.093)	65.25%(0.105)	0.235
3.0	68.15%(0.087) *	36.48%(0.089) *	0.0248
2.0	63.30%(0.093)	31.11%(0.094)	0.0581
1.5	59.51%(0.091) *	22.79%(0.112) *	0.00534
1.4	51.71%(.108) *	19.825(0.124) *	0.00510

Dans le tableau, les données (RSA) sont représentées par la MOYENNE(S.E.).

Représente $p < 0,05$

TABLEAU no.2:-*Comparaison de l'activité de la catalase chez les témoins et les personnes souffrant de dépression unipolaire*

Time interval in sec	Control n=10	Unipolar depression n=10
60	276.73(0.013)	123.42(0.018)
120	163.69(0.018)	111.58(0.035)
180	66.13(0.048)	74.93(0.044)
240	49.39(0.080)	74.68(0.016)
300	39.07(0.115)	69.31(0.041)

360	36.59(0.104)	62.60(0.027)
420	19.12(0.17	50.41(0.048)
480	12.37(0.19)	41.87(0.085)
540	10.39(0.2360)	23.64(0.057)

Dans le tableau n° 2, les données (activité catalase U/ml) sont représentées sous forme de moyenne ± S.

TABLEAU NO.3 : -*Comparaison de la peroxydation des lipides chez les témoins et les personnes souffrant de dépression unipolaire*

Sample concentration in µg/ml	Control n=10	Unipolar depression n=10
2µg/ml	0.0383(0.023)	0.162(0.056)

In this table data represented as mean±S.E.

Données générées par l'analyse des protéines des échantillons de sérum

TABLEAU no.1:-données démographiques des témoins et des personnes souffrant de dépression unipolaire

S.no.	Category	Age	Gender	Protein concentration of serum in ng/ml
1	control	28	Male	701.2
2	control	28	Female	759.6
3	control	35	Male	342
4	control	40	Male	482
5	control	48	Male	384
6	control	26	Female	564
7	control	22	Male	649.3
8	control	22	Male	588
9	control	38	Female	360.8
10	control	25	Male	513.2

Le tableau n° 2 présente les données démographiques des témoins et des personnes souffrant de dépression unipolaire.

S.no.	Category	Age	Gender	Protein concentration of serum in ng/ml
1	Diseased	26	Male	418.8
2	Diseased	30	Male	513.2
3	Diseased	48	Male	260
4	Diseased	26	Female	298.4
5	Diseased	38	Male	385.4
6	Diseased	22	Male	245.2
7	Diseased	35	Male	76
8	Diseased	30	Female	129.2
9	Diseased	22	Female	600
10	Diseased	25	Male	564.4

Discussion

Discussion des données obtenues à partir de l'analyse biochimique et du profilage des protéines.

Analyse statistique des données de l'essai biochimique :

Essai de piégeage des radicaux DPPH

Fig no. 1 _Graphique de l'essai de piégeage du radical DPPH_

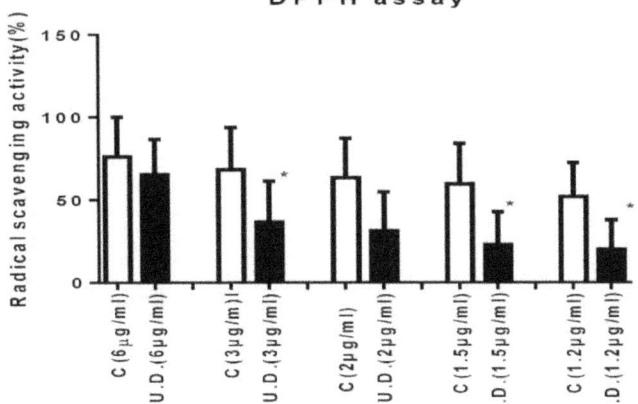

Note-* représente une signification p<0,05

C - contrôle

Dépression unipolaire

Dans le cas du test DPPH, l'activité de piégeage des radicaux est significativement réduite (p<0,05) dans le cas des patients dépressifs par rapport au contrôle, ce qui est confirmé par les données comme le RSA maximum dans le cas du contrôle est de 76,24%, mais dans le cas de la dépression, il est de 65,25%.

Analyse de l'activité catalase :

Fig no. 2- Graphique de l'activité de la catalase

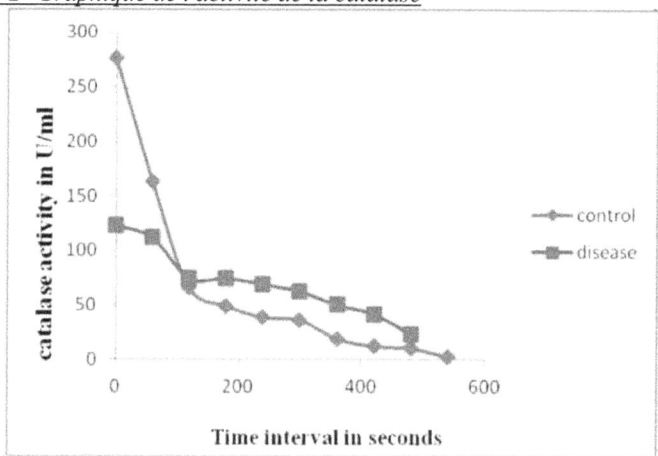

Dans le cas du dosage de la catalase, l'activité de l'enzyme catalase est élevée par rapport au contrôle. Dans le cas des patients déprimés, l'activité enzymatique la plus élevée est de 276,23U/ml, alors qu'elle est de 123,42U/ml dans le cas de l'individu témoin.

Essai de peroxydation des lipides :

Fig. no. 3 Essai de peroxydation des lipides

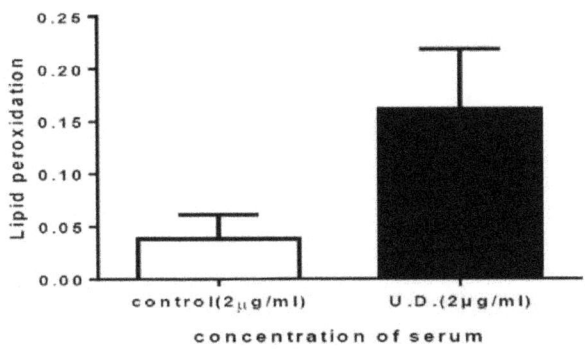

In graph data represented as mean $\pm$ S.E.

Dans le cas du test de peroxydation des lipides, on observe une augmentation significative du taux de peroxydation des lipides chez les patients par rapport au contrôle, c'est-à-dire qu'il y a une production excessive de MDA (Malondialdehyde) due à un niveau élevé de peroxydation des lipides.

Analyse de l'image du gel SDS-PAGE (profilage des protéines) :

Essai SDS-PAGE :

Fig no.4 : Image du gel générée par l'analyse de la page SDS

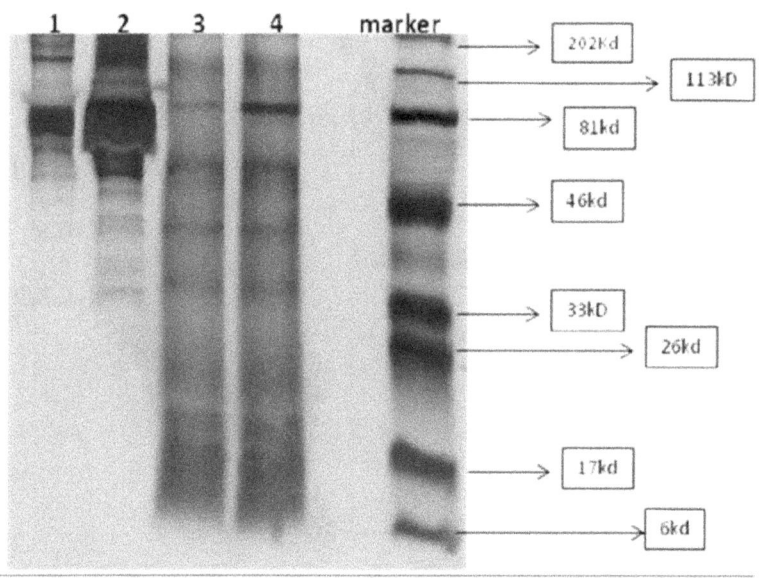

Details of sample loaded in the gel

S.no.	category	Age	Gender	Conc.ng/uL
1	Diseased	22	Male	245.2
2	control	22	Male	588
3	Diseased	25	Male	564.4
4	control	25	Male	513.2

En comparant l'échantillon malade no. 1 et les échantillons de contrôle no. 2, l'échantillon malade présente une concentration en protéines inférieure à celle de l'échantillon de contrôle, en particulier entre 81 kd et 46 kd.

En comparant l'échantillon malade no. 3 et les échantillons de contrôle no. 4, les deux échantillons ont une concentration presque similaire mais l'échantillon malade présente une bande fine à 81kd par rapport au contrôle.

Fig no.5 : Image du gel générée par l'analyse des pages SDS

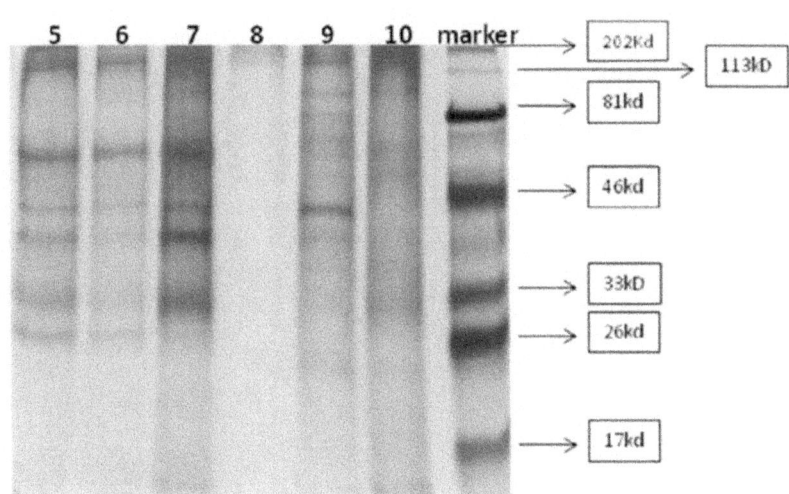

Details of sample loaded in the gel

5	control	38	Female	360.8
6	Diseased	38	Male	385.4
7	control	35	Male	342
8	Diseased	35	Male	76
9	control	22	Male	649.3
10	Diseased	22	Female	600

En comparant l'échantillon de contrôle no. 5 et l'échantillon malade no. 6, les deux échantillons ont une concentration presque similaire, mais l'échantillon malade présente une fine bande entre les deux.
de 46kd à 33kd. En particulier, il n'y a presque pas de bande ou une bande très fine à 33kd par rapport au contrôle.

En comparant l'échantillon de contrôle no. 7 et l'échantillon malade no. 8, les deux échantillons montrent une énorme différence dans la concentration de protéines et une perte de bandes spécifiques de protéines dans l'échantillon malade.

En comparant l'échantillon de contrôle no. 9 et l'échantillon malade no. 10, les deux échantillons ont une concentration presque similaire, mais l'échantillon malade ne présente pas de bande nette lors de la comparaison avec le marqueur.

Conclusion

Un certain nombre de facteurs donnent lieu à un stress oxydatif qui est mortel pour les cellules, en particulier pour les cellules neurales, ce qui a déjà été décrit par (Flovd,et al.;2011), Après avoir effectué le test biochimique et le profilage des protéines, les données obtenues montrent les changements suivants:-

Essai biochimique

Essai DPPH / essai de piégeage des radicaux :

La diminution significative de l'activité de piégeage des radicaux chez les patients souffrant de dépression unipolaire indique que le système antioxydant du patient n'est pas en mesure de neutraliser la production excessive de radicaux.

Activité catalase :

Un niveau élevé d'activité catalase est observé chez les patients dépressifs par rapport aux témoins, et cette élévation est soutenue par quelques articles de recherche comme (Galecki P.et al.) et (de Sousa R.T. et al.).

Essai de peroxydation des lipides :

L'augmentation significative de la peroxydation des lipides est observée chez les personnes déprimées, ce qui indique qu'en raison de l'affaiblissement du système antioxydant, le niveau de peroxydation des lipides augmente, ce qui donne lieu à un niveau élevé de MDA.

Essai de profilage des protéines

Essai SDS-PAGE :

En observant les bandes de gel de l'échantillon de sérum de contrôle et de l'échantillon de sérum malade, on peut observer que les échantillons malades ont une faible concentration en protéines, dans certains cas, la concentration en protéines de l'échantillon malade et de l'échantillon de contrôle ont un contraste très faible dans leurs concentrations, mais les images des échantillons malades montrent soit une bande très fine, soit un smear. On peut donc prédire que l'échantillon malade subit une dégradation qui peut conduire à une modification de la structure de la protéine, ce qui peut ensuite affecter la fonction de la protéine. L'augmentation du stress oxydatif et le mauvais fonctionnement des antioxydants (enzymes) peuvent être à l'origine de l'absence ou de la dégradation des protéines.

Interrelation entre les tests effectués

La diminution de l'essai de piégeage des radicaux indique la perte d'une activité antioxydante suffisante chez le patient. L'activité antioxydante étant exercée par un groupe d'enzymes, on peut s'attendre à ce que certaines enzymes ne parviennent pas à exercer leur activité de piégeage des radicaux, ce qui peut finalement donner lieu à un stress oxydatif. Ce niveau élevé de stress oxydatif conduit à un niveau élevé d'activité de la catalase en raison de la défaillance d'autres enzymes antioxydantes, mais le niveau accru de peroxydation lipidique, c'est-à-dire la production de MDA, indique que le niveau élevé de catalase n'est pas en mesure de stabiliser complètement l'augmentation du stress oxydatif. Cette augmentation du niveau de peroxydation lipidique entraîne une diminution de la durée de vie des neurones, une baisse de l'expression des neurofilaments, une réduction de la stabilité des membranes et affecte également la libération des neurotransmetteurs.

Comme le système de suppression du stress oxydatif mentionné ci-dessus n'est pas en mesure de maintenir le stress oxydatif, ce qui peut entraîner une modification ou une dénaturation des protéines, ce qui conduit à une modification de l'activité des enzymes (car toutes les enzymes sont des protéines) ou à une modification radicale de la concentration des molécules de protéines.

Cette étude démontre que les personnes dépressives unipolaires ont une activité antioxydante compromise, ce qui peut être utilisé pour détecter la dépression unipolaire à un stade précoce.

Aspects futurs

Les paramètres examinés dans cette étude peuvent être appliqués à la détection précoce. Ces paramètres seront plus applicables s'ils sont appliqués à un large éventail de population et divisés en différents groupes tels que le sexe et le groupe d'âge.

Actuellement, le panel BioM-10 Mood, un ensemble de biomarqueurs périphériques d'états d'humeur faibles ou élevés, permet de diagnostiquer les épisodes dépressifs majeurs et de contrôler l'efficacité de la thérapie cognitivo-comportementale (TCC). Ce panel comprend des gènes liés aux voies des facteurs de croissance et à la myélinisation, qui peuvent apporter de nouvelles informations sur la physiopathologie de la dysrégulation de l'humeur. Mais comme il s'agit d'une plate-forme de biopuces à l'échelle du génome, le test peut être plus coûteux et prendre plus de temps (biopuces - 4 jours de traitement).

Références

ou

- Andersen, J.K.,(2004).Le stress oxydatif dans la neurodégénérescence : cause conséquence?Nat. Med. 10 : 18-25 Berk, M., Dean, O., Bush, A.I.,(2008).Oxidative stress in psychiatric disorders:evidence base and therapeutic implications. Int. J. Neuropsychopharmacol. 11 : 851-876.

- Butterworth, J.,(1986).Changements dans neuf marqueurs enzymatiques pour les neurones, la glie et les cellules endothéliales dans le noyau caudé à l'état agonal et dans le noyau caudé de la maladie de Huntington. J Neurochem.:47:58

- Bloro,K.K.,Ramasarma,T.(2003).Methods for estimating LPO : An Analysis merits or demerits.40:300-308

- Cadenas, E., Davies,K.J.,(2000) Free Radic. Biol. Med. 29 :222

- Chung,P.;Schmidt,D.;MichaelStein,C.;Morrow,J.D.;Salomon,R.M. ;(2 012).Augmentation du stress oxydatif chez les patients souffrant de dépression et sa relation avec le traitement.206:213-216

- Cook,I.A.,(2008)Biomarkers in Psychiatry : Potentiels, pièges et pragmatiques.15:54-59

- Doinia,D.,Filip,A.,Decea,N.(2008).Effets oxydatifs après thérapie photodynjamique chez le rat.64:364-369

- Durackova,Z.(2009)Some. Current Insights into Oxidative Stress Institute of

Medical Chemistry, Biochemistry and Clinical Biochemistry, Faculty of Medicine.59:459-469

- Elsaadani, M., Esterbauer H., Elsayed, M., Goher M., Nassar AY, Jurgens G A(1989) spectrophotometric assay for lipid peroxides in serum-lipoproteins using a commercially available reagent.30 : 627-630

- Fiedorowicz,M. ; Grieb,P.;Stress nitrooxydatif et neurodégénérescence Centre de recherche médicale Mossakowski, Académie polonaise des sciences

- Finand,J.,Lac,S.,(2006).Stress oxydatif.36:328-353

- Frenander,B.,Gamma,C.S.,et al.(2009). Serum brain-derived neurotrophic factor in bipolar and unipolar depression:A potential adjunctive tool for differential diagnosis. 1-5

- Frokjaer, V.G., Vinberg, M., Erritzoe, D., Baare, W., Holst, K.K., Mortensen, E.L., Arfan, H., Madsen, J., Jernigan, T.L., Kessing, L.V., Knudsen, G.M.,(2010) Familial risk for mood disorder and the personality risk factor, neuroticism, interact in their association with frontolimbic serotonin 2A receptor binding. Neuropsychopharmacology.

- Galecki P., Szemraj J., Bie'nkiewicz M., Florkowski A. et Galecka E., "Lipid peroxidation and antioxidant protection in patients during acute depressive episodes and in remission after fluoxetine treatment".
  Pharmacological Reports, vol. 61, no. 3, pp. 436-447, 2009

- Gould, E.,(2007).How widespread is adult neurogenesis in mammals ? Nature Reviews. Neuroscience .8:481-488

- Gonsette,R.E.,(2008). Neurodégénérescence dans la sclérose en plaques : Le rôle du stress oxydatif et de l'excitotoxicité.274:48-53

- Grover,S.,Avasthi,A.,Dutt,A.(2010).Un aperçu de la recherche indienne sur la dépression.52:178-188

- Goth, L.(1991).Une méthode simple de détermination de l'activité de la catalase et la révision de la plage de référence.19 :(143-152)

- Grotto,D., Maria,L.S., Valentini,J.et al.,(2000).Importance des biomarqueurs de la peroxydation lipidique et aspects méthodologiques de la quantification du malondialdéhyde.(2000)

- Hames, B. D. et Rickwood, D., (1990).Gel Electrophoresis of Proteins : A Practical Approach, 2, p. 17, Oxford University Press, New York.

- Hazra,K.T.,Hazra,B.,Bhakat,K.K.,Hegde,M.L.,Mantha,A.K.(2012)Oxid ative genome damage and its repair : Implications dans le vieillissement et les maladies neurodégénératives.133:157-168

- Hill,N.M.,Hellemans,K.G.C.,Verma,P.,Winberg,J.(2012). Neurobiologie de stress chronique léger : parallèles avec la dépression majeure.36:298-299.

- Hung,C.H.;Chen,Yu.C.;Hsieh,W.L.;Kao,C.L. ;(2010) .Ageing and neurodegenerative diseases.95:536-546

- Martínez F.C., F. León-Vázquez, A. Payá-Pardo, et A. Díaz-Holgado, "Use of health care resources and loss of productivity in patients with depressive disorders seen in Primary Care : INTERDEP Study," Actas Españolas de Psiquiatría, vol. 42, no. 6, pp. 281-291, 2014. Voir sur Google Scholar

- Mathers C.D. et Loncar D., "Projections of global mortality and burden of disease from 2002 to 2030", PLoS Medicine, vol. 3, no. 11, pp. 2011-2030, 2006. View at Publisher - View at Google Scholar - View at Scopus

- Migliore, L., Fontana, I., Colognato, R., Coppede, G.,(2005)Recherche du rôle et des biomarqueurs les plus appropriés du stress oxydatif dans la maladie d'Alzheimer et dans d'autres maladies neurodégénératives.26:587-595

- Milders, M., Bell,S., Platt,S., Serrano, R., Runcie, O.(2009)Stable Anomalies de reconnaissance de l'expression dans la dépression unipolaire. Muller,N.,Myint, Aye. Mu.(2011) InflammatoryBiomarkers and Depression.19;308-318

- Rowdin, B.S.,Mellon,S.H. et al.(2012).Relation dysrégulée de l'inflammation et du stress oxydatif dans la dépression majeure.:1-10.
- Osphal,J.A.,Aye,T.T.,et al.(2012).Proteomics of cerebral spinal fluid:Découverte et vérification de candidats biomarqueurs en maladie neurodégénérative à l'aide de la protéomique quantique.74:374-388

- Krishnan, V., Nestler, E.J.,(2008). La neurobiologie moléculaire de la dépression. Nature.455,:894-902.

- Kathryn,L.,Schaefer,L.T.,Bauman,J.,Rich,A.B. (2010)Perception de l'émotion faciale chez les adultes atteints de dépression bipolaire ou unipolaire et chez les témoins.44:1229-1235

- Lente,F.V.;Popp,M. ;(1990)coupled-enzyme determination of catalase activity in erythrocytes.36:1339-1343

- Letelier,E,Troncoso,J.C,et al,(2007) DPPH et radicaux libres d'oxygène comme pro-oxydants de biomolécules.22:279-288

- Nielsen,F.,Mikkelsen,B.B.(1997).Plasma MDA as biomarker for oxidative stress:refrence interval and effects of life style factor.43:1209- 1214

- Rawdin, B.S. ; Mellon, S.H. ; Dhabhar, F.S. ; Puterman,E.;Su,P.Wolkowitz, O.M.;et al.(2011).Dysregulated relationship of Inflammation and oxidative stress in major depression.676-692

- Robinson,D.S.,(2007).Augmentation des niveaux de MAO-A dans le cerveau dans le trouble dépressif majeur.12:32-34

- Russo-Neustadt, A., Beard, R.C., Cotman, C.W.,(1999). Exercise, antidepressant medications, and enhanced brain derived neurotrophic factor expression. Neu ropsychopharmacology.21 : 679-682

- Pinchuk, I.,Shoval,Y.,Doyan,D.,Licthenberg(2012). Evaluation of antioxidants : Scope, limitations and relevance of assays.165:638-647

- Seco,M.,Wilson,K.M.,(2006)Serum Biomarkers of Neurologic Injury in CardiacOperations.94:1026-1033

- Serra, J.A. ; Dominguez, R.O. ;(2001) de Lustig, E.S. ; Guareschi, E.M. ; Famulari;A.L. ; Bartolomé, E.L. ; et al. Parkinson's disease is associated with oxidative stress : comparison of peripheral antioxidant profiles in living Parkinson's, Alzheimer's and vascular dementia patients J Neural Transm.
- Seth, P.K. ; Chandra, S.V. ;(1984) Neurotransmetteurs et récepteurs de neurotransmetteurs chez les rats adultes et en développement lors d'un empoisonnement au manganèse.
  Neurotoxicologie;5:67-76

- Sies, H. ;. Stress oxydatif : remarques introductives. In : Sies H, éditeur. Oxidative stress.London : Academic Press ; (1985). .

- Sheline, Y.I., (1966). atrophie de l'hippocampe dans la dépression majeure : un résultat de la neurotoxicité induite par la dépression ? Molecular Psychiatry1, 298-299.
- Shelton, R.C., Hal Manier D., Lewis, D.A.(2009). Protein kinases A and C in post-mortem prefrontal cortex from persons with major depression and normal controls.International Journal of Neuropsychopharmacology (2009).

- Shukla,V. Laboratory of Neurochemistry, National Institute of Neurological Disorders and Stroke, National Institutes of Health, Bethesda, MD 20892, USA Molecular Genetics Unit, Laboratory of Sensory Biology, NIDCR, NIH, Bethesda, MD 20892, USA:1-14

- Shudha, K.,Rao, A., Rao, S.,(2003).Free radical toxicity and antioxidant in parkinsons disease.51;60-62 Willner,P.,Belzung,C.,et al.(2012). La neurobiologie de la dépression et l'action des antidépresseurs : 1-41

- Willner,P.,Belzung,C.,et al.(2012). La neurobiologie de la dépression et l'action des antidépresseurs:1-41

- Youdim,M.B.H. ; P. (2011)Riederer, J. Neurochemistry. 118 :939.

ANNEXE

Réactifs pour le dosage des protéines

Réactifs : -1) Solution A : -2%Na2CO3 dans 0,1N de NaOH.

    2) Solution B : - 0,5%CuSo4.5H2o dans 1% de tartarate de Na-K.

    3) Solution C : - solution A et solution B mélangées dans un rapport de 50:1.

    4) Réactif phénolique de Folins et de Ciolcateau : - en mélangeant le réactif de Folins.

Réactifs pour le test DPPH

1mM de solution de DPPH dans du méthanol.

Réactifs pour le dosage de la catalase

Tampon de phosphate de potassium 0,05M, pH-7,0.

0,059M peroxyde d'hydrogène (30%) dans un tampon de phosphate de potassium 0,05M.

Réactifs pour SDS-PAGE

Composition du tampon d'échantillonnage 5X :

S.no.	Reagent	vol/weight
1	SDS	10% W/V
2	Dithiotheritol	10 mM
3	Glycerol	20% v/v
4	Tris Hcl, pH6.8	0.2 M

Bromophénol bleu - .05% w/v dans 8 M urée pour les protéines hydrophobes.

S.no.	Reagent	vol/weight
1	Tris Hcl, pH6.8	25 mM
2	Glycine	200 mM
3	SDS	0.1 %w/v

1x Running Gel Solution

Pour différentes applications, augmentées au pourcentage d'acrylamide désiré, préparer 30 ml de gel en choisissant l'un des pourcentages suivants et en mélangeant les ingrédients indiqués ci-dessous. Après l'ajout du TEMED et de l'APS, le gel se polymérise assez rapidement, il ne faut donc pas les ajouter avant d'être sûr d'être prêt à couler.

Resolving gel composition	7%	10%	12%	15%
H_2O	15.3 ml	12.3 ml	10.2 ml	7.2 ml
1.5 M Tris-HCl, pH 8.8	7.5 ml	7.5 ml	7.5 ml	7.5 ml
20% (w/v) SDS	0.15 ml	0.15 ml	0.15 ml	0.15 ml
Acrylamide/Bis-acrylamide (30%/0.8% w/v)	6.9 ml	9.9 ml	12.0 ml	15.0 ml
10 %ammonium persulfate (APS)	0.15 ml	0.15 ml	0.15 ml	0.15 ml
TEMED	0.02 ml	0.02 ml	0.02 ml	0.02 ml

Stacking Gel Solution (4% bAcrylamide):

H_2O	3.075 ml
0.5 M Tris-HCl, pH 6.8	1.25 ml
20% (w/v) SDS	0.025 ml
Acrylamide/Bis-acrylamide(30%/0.8% w/v)	0.67 ml
(APS)	0.025 ml
TEMED	0.005 ml

Milton Keynes UK
Ingram Content Group UK Ltd.
UKHW010850280324
440101UK00001B/143

9 786207 273713